Niccolò Zapponi

# IL PRIMO SECONDO

ISBN 978-1-4452-8574-0

Prima edizione

Volume stampato da Lulu, Inc

www.lulu.com

# INTRODUZIONE

*Martedì 30 marzo 2010, ore 13.00*

*Ginevra, Svizzera*

Il fascio di particelle iniettato nel Large Hadron Collider del centro di ricerca CERN di Ginevra completa il suo primo giro nell'anello sotterraneo lungo 27 km che ospita il più grande e potente acceleratore di particelle della storia. Dopo poche ore il fascio è a pieno regime al 99,7% della velocità della luce, completando circa 11 000 giri dell'LHC ogni secondo. Una volta stabile, viene iniettato nell'acceleratore in senso opposto un altro fascio di particelle, che permetterà di provocare collisioni tra i due e di studiarne gli effetti ad energie mai raggiunte prima.

Lungo l'anello sono posizionati 6 laboratori sotterranei appositamente allestiti per registrare innumerevoli dati sulle collisioni tra particelle, con l'ambizioso obiettivo di studiare sempre più a fondo i «mattoni» del nostro universo, le particelle elementari che compongono ogni cosa. *Capire* il nostro universo, scoprire le nostre origini, comprendere l'incredibile struttura su cui si fonda la realtà. Queste sono alcune delle domande che cercano risposta nei laboratori di fisica nucleare del CERN. E che hanno spinto un comune mortale come me ad interessarmi agli studi degli ultimi mesi ed a condividere in queste pagine il fascino delle ultime scoperte.

L'attenzione degli scienziati a Ginevra si basa fondamentalmente sul *reverse engineering* della realtà e sullo studio delle origini dell'universo: le leggi fisiche attuali che descrivono i fenomeni intorno a noi non spiegano, infatti, come si sia originato l'universo con tutta la materia e l'energia di cui è composto. Negli ultimi due secoli sono stati compiuti grandi progressi nella comprensione della realtà, ma ancora oggi esistono teorie e modelli contraddittori tra loro che tentano in qualche modo di descrivere le origini dell'universo e l'inizio del tempo.

Con queste pagine tenterò di descrivere le teorie attuali sull'universo, come sono state formulate e quali conseguenze portano con sé. Proverò a spiegare tali modelli escludendo le loro trattazioni matematiche, in modo che possano essere comprese anche dai "non addetti ai lavori". Si parlerà quindi di teoria della relatività e di meccanica quantistica, ma anche di fisica delle particelle, di teoria delle corde e delle particelle supersimmetriche, per arrivare ai modelli del big bang e del big crunch, ai modelli caotici e alle teorie unificate.

Prima di iniziare questo viaggio nei segreti dell'universo, trovo importante precisare che lo studio della realtà e del mondo non implica il rifiuto di Dio o di entità superiori: la scienza ha il compito di rispondere ai *come* del mondo, di descrivere fenomeni, non di giustificarli. Con il classico esempio della mela di Newton, lo scienziato si limita a descrivere la caduta della mela dall'albero, proponendo e verificando l'esistenza di una forza chiamata gravità che influenza la mela facendola cadere; non giustifica l'esistenza della forza di gravità stessa! Anche lo studio scientifico del big bang, quindi, riguarda il *se* e il *come* questo è avvenuto, non le cause che l'hanno provocato (dimostrerò più avanti, infatti, che è impossibile studiare qualsiasi evento anteriore al big bang, anche conoscendo quest'ultimo nei minimi dettagli).

Vorrei ribadire, inoltre, che tutti i modelli presenti oggi sono parziali o incompleti: non bisogna aspettarsi, quindi, di trovare in queste pagine una risposta all'origine dell'universo! Ognuno può prediligere un modello rispetto ad un altro, ma non può sperare in una risposta definitiva che confermi le sue idee! È impossibile, e lo sarà anche in futuro, dare una risposta certa sulle origini dell'universo, perché secondo il Principio di Indeterminazione di Heisenberg c'è sempre una probabilità, per quanto piccola, che la teoria non sia verificata.

Terminate queste precisazioni, è il momento di andare ad analizzare i primi modelli «moderni» di universo proposti da scienziati ed intellettuali nel corso della Storia, che permetteranno di comprendere le basi su cui si fondano quelli di oggi.

*Parte prima*

# L'UNIVERSO NELLA STORIA
# DEL SAPERE UMANO

*La natura non fa nulla invano*
*- Aristotele*

Già nel I secolo a.C. il filosofo greco Aristotele, nella celebre opera *De Caelo*, aveva proposto che la Terra non fosse un disco piatto, come si credeva all'epoca, bensì sferica: egli aveva notato, infatti, che durante le eclissi di luna l'ombra della Terra sull'astro era sempre perfettamente circolare, cosa impossibile se la Terra fosse stata un disco. L'ombra di un disco, infatti, è più allungata di quella di una sfera! Aristotele aveva trovato un'ulteriore conferma della sfericità del nostro pianeta anche studiando la posizione apparente della Stella Polare nel cielo: più a sud ci si trovava, più la stella appariva vicino all'orizzonte. I Greci credevano di aver trovato anche una terza spiegazione della teoria di Aristotele: navigando per mare, infatti, in lontananza prima comparivano le vele e poi lo scafo delle altre navi. Aristotele e le civiltà antiche credevano, anche per motivi religiosi, che la Terra fosse ferma al centro dell'universo e che attorno ad essa ruotassero tutti gli altri corpi celesti: l'uomo doveva essere simbolo della creatura perfetta.

Nel II Secolo d.C. uno scienziato di nome Tolomeo teorizzò tale credenza in un modello cosmologico completo, dimostrando in qualche modo che la Terra era davvero al centro di tutto l'universo. Il modello tolemaico affermava, infatti, che la Terra fosse al centro ed attorno ad essa ruotassero otto sfere che trasportavano il Sole, la Luna, i 5 pianeti allora conosciuti (Marte, Giove, Saturno, Venere e

Mercurio) e le cosiddette «stelle fisse». L'universo era finito, limitato: questo, infatti, terminava con le stelle fisse. Tale teoria, chiamata oggi geocentrica, era sicuramente un buon espediente per la Chiesa per avere una dimostrazione scientifica della veridicità dei Libri Sacri: non mancava nemmeno lo spazio per collocare il paradiso, al di fuori della sfera delle stelle fisse! La concezione dell'universo non subì consistenti cambiamenti per più di mille anni: anche Dante, nel XIV Secolo, scrisse la Divina Commedia basandosi sul sistema tolemaico. Tale cosmologia, però, presentava non pochi problemi: supponeva ad esempio che la Luna dovesse subire grandi variazioni di distanza dalla Terra durante la sua rotazione, altrimenti le posizioni dei pianeti predette dal sistema non sarebbero state esatte. Ciò comportava che nell'arco dell'anno ci dovessero essere giorni in cui la Luna appariva il doppio più grande del solito! Tolomeo stesso riconobbe questo punto debole della sua teoria, che malgrado ciò fu generalmente accettata. Il modello geocentrico, però, destò non poche perplessità tra gli scienziati e gli intellettuali nel corso della storia. All'alba del Rinascimento, finalmente il polacco Niccolò Copernico elaborò una teoria più semplice: egli dichiarò, infatti, che non era la Terra al centro dell'universo, bensì il Sole, attorno al quale ruotavano tutti i pianeti! Tale teoria prediceva orbite più semplici e regolari della teoria tolemaica e fu confermata pochi anni dopo da Galileo Galilei, grazie all'invenzione del cannocchiale: egli osservò che attorno a Giove ruotavano altri pianeti più piccoli, esattamente come la Luna ruotava attorno alla Terra. Nonostante questa conferma, la teoria copernicana, detta eliocentrica, faticava a trovare consensi a causa della censura della Chiesa. Nello stesso anno, l'astronomo Keplero modificò la teoria eliocentrica suggerendo che i pianeti non avessero orbite circolari – come invece affermò Copernico – ma ellittiche: ora le orbite reali coincidevano esattamente con quelle predette dalla teoria. Una tale novità era ancora più difficile da accettare: un'orbita ellittica era sicuramente «meno perfetta» di una circolare! Keplero, però, non riusciva a spiegarsi quali forze portassero i pianeti ad orbitare attorno al sole: egli era convinto, ma non riuscì a dimostrarlo, che i corpi celesti ruotavano grazie a forze magnetiche.

La risposta a tale problema giunse molti anni dopo, quando il matematico e fisico inglese di nome Isaac Newton pubblicò la *Philosophiae Naturalis Principia Mathematica*, probabilmente l'opera di fisica più importante mai scritta nella storia. Newton definì nuove leggi riguardo al moto dei corpi nello spazio e nel tempo, sviluppò la matematica necessaria alla trattazione di tali leggi e postulò una legge di gravitazione universale, secondo cui ogni corpo dell'universo attrae tutti gli altri con una forza direttamente proporzionale al prodotto delle loro masse e inversamente proporzionale al quadrato della loro distanza. Questa forza spiegava perché ogni corpo venisse attratto verso il suolo e perché i pianeti e i satelliti si muovessero su orbite ellittiche. Con Newton crollò anche l'idea di un universo chiuso e limitato: egli, infatti, immaginò che le stelle fisse non erano veramente ferme, ma erano corpi celesti come il Sole, molto più lontani, talmente lontani da apparire fermi. Newton si rese conto che, secondo la sua teoria gravitazionale, le stelle avrebbero dovuto attrarsi fra loro, fino a cadere tutte in un unico centro gravitazionale comune. Il fisico, però, sostenne che questo sarebbe stato possibile solo se il numero di stelle distribuite nello spazio fosse stato finito: se le stelle, invece, fossero state infinite, distribuite in modo più o meno uniforme, questo non sarebbe potuto accadere perché non sarebbe esistito un centro gravitazionale comune. Ovviamente oggi sappiamo che tale ragionamento non è corretto: in una regione infinita di spazio, ogni punto può essere considerato il centro e le stelle collasserebbero tutte in un unico punto. Col senno di poi è facile dichiarare che è impossibile immaginare un universo statico se la forza di gravità è solo attrattiva...

In questo clima di sicurezza riguardo alla staticità dell'universo, nessuno si pose il problema che l'universo fosse in espansione o in contrazione: tutti accettavano l'idea di un universo esistito da sempre nella stessa configurazione, o che fosse stato creato in passato da una qualche entità superiore. Anche gli scienziati che studiando la teoria gravitazionale si rendevano conto che l'universo non poteva essere statico erano lontani dal pensare che questo fosse in espansione. Essi «correggevano», quindi, le loro teorie per far sì che l'universo non mutasse, aggiungendo nuove forze repulsive che contrastassero la gravità.

Un'obiezione alla teoria di Newton giunse nel 1823, quando il filosofo tedesco Heinrich Olbers pubblicò il suo famoso paradosso: «Se l'universo fosse infinito e statico, in qualsiasi direzione si volga lo sguardo, questo cadrebbe sulla superficie di una stella: il cielo, quindi, dovrebbe essere luminoso come il Sole, giorno e notte!» Olbers evitò tale conclusione supponendo che la luce delle stelle lontane era per gran parte assorbita dai pianeti interposti e che le stelle fossero state «accese» in un tempo finito nel passato: la luce delle stelle più lontane, quindi, non sarebbe ancora arrivata a noi. Ma a questo punto il problema sarebbe stato spiegare chi o che cosa possa avere acceso le stelle. Il problema riguardo all'inizio dell'universo aveva già riscontrato in passato pareri contrastanti: si pensi solo ad Aristotele, che riteneva che l'umanità fosse esistita da sempre e che non ci fosse stata una creazione dell'universo, e a Sant'Agostino, che invece calcolò, fondandosi sul libro della Genesi, che Dio creò l'universo attorno al 5000 a.C.! Immanuel Kant, invece, chiamò questo problema *antinomia*, contraddizione, convinto che esistevano sia argomentazioni convincenti contro la mancanza di un inizio del tempo, sia contro il suo stesso inizio.

Più avanti nella storia, precisamente nel 1929, quando la maggior parte delle persone credeva ancora in un universo statico ed immutabile e pretendeva che il problema delle origini fosse argomento di studio solo di metafisica e teologia, un astronomo inglese, Edwin Hubble, fece la scoperta che avrebbe rivoluzionato qualsiasi idea sull'universo e che avrebbe dato inizio ad una corsa allo studio della storia dell'universo: egli notò che in qualsiasi direzione volgesse lo sguardo, le galassie lontane si stavano allontanando. Ne dedusse, quindi, che l'universo era, ed è tuttora, in espansione! Ma questo implica anche che ci dev'essere stato un istante, circa dieci o venti miliardi di anni fa, in cui la massa era concentrata in un unico punto di densità infinita;

questo momento, chiamato *big bang*, può essere considerato anche come inizio del tempo. Nel momento in cui la densità nel punto del big bang è infinita, qualsiasi legge fisica viene meno e non siamo più in grado di predire gli eventi. Allo stesso modo, è impossibile studiare fenomeni anteriori al big bang stesso: questi non avrebbero alcuna influenza su di noi oggi, quindi si possono tranquillamente ignorare. Si può quindi postulare che il tempo ha avuto inizio con il big bang, perché non avrebbe senso parlare di un tempo anteriore. A seguito della scoperta di Hubble, il problema dell'origine dell'universo è diventato di interesse scientifico, non più soltanto teologico e metafisico. E l'idea di una Creazione divina mostra i suoi primi limiti: è impossibile, secondo le leggi fisiche ovviamente, che Dio abbia creato l'universo *prima* del big bang. Ciò non esclude un Creatore, ma pone sicuramente dei vincoli entro i quali deve aver agito.

Di fronte a questo scenario affascinante ed inaspettato, alla vigilia del secondo conflitto mondiale ha inizio il vero studio scientifico dell'universo e delle sue origini, che ha coinvolto esperti di tutto il mondo per comprendere meglio i concetti di spazio e tempo e le possibili origini dell'universo.

*Parte seconda*

# LA RELATIVITÀ
# DI SPAZIO E TEMPO

*Il tempo degli eventi è diverso dal nostro*
*- Eugenio Montale*

C'è chi l'ha imparato a scuola e chi l'ha sperimentato nella vita quotidiana: tutti sanno che lo spazio, così come lo intendiamo, è un concetto relativo. Ciò significa che ognuno può scegliere arbitrariamente il sistema di riferimento che più gli è comodo per misurare la posizione o la velocità di un corpo, come un'auto, una persona o un pianeta. Immaginando per esempio un uomo su un treno, egli potrebbe dire che gli altri passeggeri sono fermi ai loro posti, mentre un osservatore che vede il treno passare potrebbe invece contestarlo dicendo che i passeggeri si stanno muovendo a 100 km/h! Non è possibile dare ragione a uno e torto all'altro, entrambi hanno ragione, hanno infatti utilizzato sistemi di riferimento diversi. Di conseguenza, è impossibile affermare che un corpo sia assolutamente fermo, in quanto cambiando sistema di riferimento questo risulta in movimento, esattamente come i passeggeri del treno: una casa, ad esempio, può essere considerata ferma se scegliamo la Terra come sistema di riferimento. Ma se guardassimo quella stessa casa dal Sole, la vedremmo orbitare nello spazio insieme a tutto il pianeta Terra!

Con pari certezza, fino agli inizi del Novecento tutti gli scienziati avevano sempre dato per scontato che il tempo, invece, fosse assoluto: chiunque, misurando il tempo di un evento, avrebbe sempre ottenuto lo stesso risultato. A seguito delle nuove teorie sull'elettromagnetismo proposte da

Maxwell negli ultimi anni dell'Ottocento, alcune equazioni predicevano che la luce avrebbe dovuto propagarsi ad una velocità sempre costante: ma rispetto a quale sistema di riferimento doveva essere misurata tale velocità? Dopo precise misurazioni, pochi anni dopo alcuni scienziati dimostrarono che qualunque fosse il sistema di riferimento scelto per misurare la velocità della luce, questa era sempre la stessa, circa 299790 km/s! Nessuno però riusciva a dare una spiegazione logica a tale bizzarro fenomeno: l'esperienza comune suggeriva ovviamente che, cambiando il sistema di riferimento, anche la velocità dovesse cambiare, come l'esempio precedente della casa. Alcuni ipotizzarono l'esistenza di un *etere* onnipresente nello spazio da usare come sistema di riferimento per misurare la velocità della luce. Tale soluzione, però, era poco convincente e certamente di scarso valore scientifico.

Nel 1905, un fisico fino ad allora sconosciuto, Albert Einstein, propone in un articolo scientifico una teoria rivoluzionaria: egli nega le supposizioni sull'etere e dichiara che esiste una spiegazione per la costanza della velocità della luce, purché siamo disposti ad abbandonare l'idea di un tempo assoluto. La velocità, infatti, è per definizione il rapporto tra spazio percorso e tempo impiegato per compiere lo spostamento: se entrambi sono relativi, allora ha senso parlare di velocità della luce costante. Questa è la base della neonata Teoria della Relatività. Tale teoria si fonda su un postulato fondamentale: le leggi fisiche – della meccanica, di Maxwell e della velocità della luce – devono valere qualunque sia la condizione di moto dell'osservatore, che sia fermo, a velocità costante o in accelerazione. Questo postulato presenta una serie di implicazioni, per esempio che ogni osservatore *deve* misurare la velocità della luce allo stesso modo, per quanto elevata sia la velocità a cui si sta muovendo. Un'altra conseguenza notevole del postulato, forse la più nota, è la famosa equivalenza tra massa ed energia $E=mc^2$, che permette di dedurre che la massa di un corpo dipende dall'energia che questo possiede. Con energia possiamo pensare all'energia cinetica, di movimento: se ne deduce di conseguenza che la massa di un corpo dipende dalla sua velocità! Ora, questo effetto non è riscontrabile nell'esperienza comune: un'auto a 300 km/h, ad esempio, aumenta per la velocità la propria massa di circa un milligrammo! Più ci si avvicina alla velocità della luce, però, più gli effetti relativistici diventano rilevanti: la massa di un corpo che viaggia al 90% della velocità della luce (quindi all'incirca a 270 000 km/s) triplica rispetto al suo stato di quiete! Dall'equivalenza tra massa ed energia, si può anche dedurre un'altra informazione fondamentale: nulla può viaggiare ad una velocità superiore a quella della luce. È facile intuirne il motivo: man mano che un corpo viene accelerato, la sua massa, secondo l'equazione $E=mc^2$, continua a crescere. Ciò significa che più la massa cresce, più energia dovrà essere fornita al corpo per accelerarlo (l'energia da fornire ad un corpo per accelerarlo dipende infatti dalla sua massa). Perché il corpo giunga alla velocità della luce si dovrebbe fornire un'energia infinita, e anche la sua massa diventerebbe infinita! Si può affermare di conseguenza che soltanto la luce e le altre onde elettromagnetiche – prive di massa intrinseca – potranno viaggiare alla velocità della luce, mentre tutte le altre particelle dotate di massa saranno limitate a muoversi a velocità inferiori.

Un'altra grande rivoluzione introdotta da Einstein con la Teoria della Relatività è il modo in cui immaginiamo spazio e tempo: dobbiamo accettare che il tempo non sia un'entità a sé stante, indipendente dallo spazio, ma che sia combinato con quest'ultimo a formare una nuova entità chiamata *spazio-tempo*. Nello spazio, come lo immaginiamo normalmente, ogni punto può essere identificato attraverso tre valori, o coordinate, che indicano la posizione del punto nelle tre dimensioni rispetto ad un riferimento. Sulla Terra, ad esempio, si può identificare qualsiasi punto della superficie attraverso tre coordinate, latitudine, longitudine e altitudine. Nello spazio-tempo, invece di parlare di punto spaziale, si parla di *evento*, come qualcosa che accade in un determinato punto in un certo istante. Si può, quindi, identificare ogni evento attraverso quattro coordinate: le tre spaziali e quella temporale. Nella relatività non esiste distinzione tra le coordinate spaziali e quella temporale, così come non c'è differenza tra asse x e asse y nelle coordinate spaziali. È utile, quindi, pensare le quattro coordinate di un evento come la posizione di un punto in uno spazio quadridimensionale. Come è naturale che sia, è molto difficile immaginare uno spazio formato da quattro dimensioni: per questo si utilizzano di norma diagrammi spazio-temporali a due dimensioni, in cui l'asse delle ascisse rappresenta una delle dimensioni dello spazio e l'asse delle ordinate il tempo. Un esempio di diagramma spazio-temporale bidimensionale è mostrato nella figura 2.1: l'asse verticale rappresenta il tempo e quello orizzontale lo spazio. Un raggio di luce che dal Sole viaggia verso la Terra seguirà quindi una traiettoria inclinata nello spazio-tempo come in figura.

Nello spazio-tempo quadridimensionale si possono definire e rappresentare anche i cosiddetti coni di luce di un evento, quello del futuro e quello del passato. Tali coni derivano dal concetto che la luce, propagandosi a velocità costante, si allontana dalla sorgente in modo costante e progressivo: ogni secondo la luce si trova sempre 300 000 km

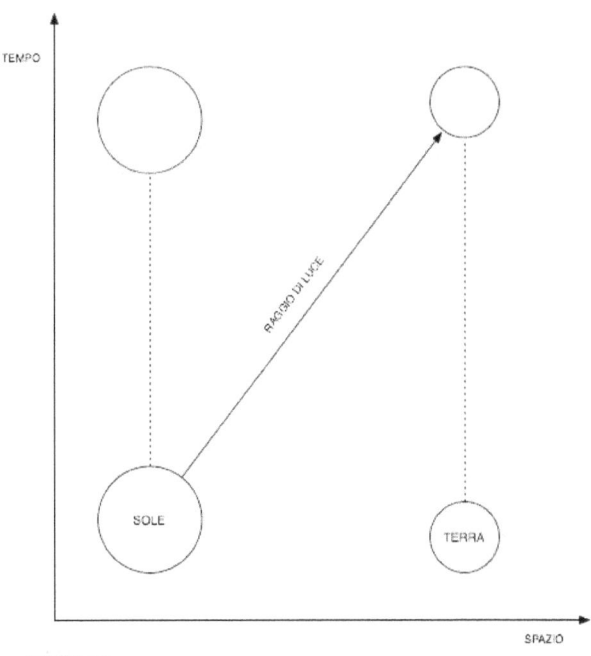

[FIGURA 2.1]

più lontano. Immaginando ora il tempo sull'asse verticale e due dimensioni spaziali sugli assi orizzontali, la luce che si propaga forma un cono tridimensionale nello spazio-tempo quadridimensionale, come nella figura 2.2. Perché è importante il cono di luce di un evento? Se è vero che solo la luce può muoversi alla velocità limite di 300 000 km/s, allora tutte le particelle dotate di massa sono costrette a muoversi nello spazio-tempo all'*interno* del cono di luce del futuro, perché se fuoriuscissero andrebbero oltre alla velocità della luce stessa. Un'altra informazione importante che si deduce dai concetti di cono di luce del futuro e del passato è il fatto che soltanto i corpi che si trovano all'interno del cono di luce del futuro di un evento risentono di tale evento, perché al di fuori non giunge nessuna informazione e nessun effetto. Il cono di luce del futuro di un evento rappresenta quindi la parte di spazio-tempo in cui si risente del manifestarsi dell'evento stesso.

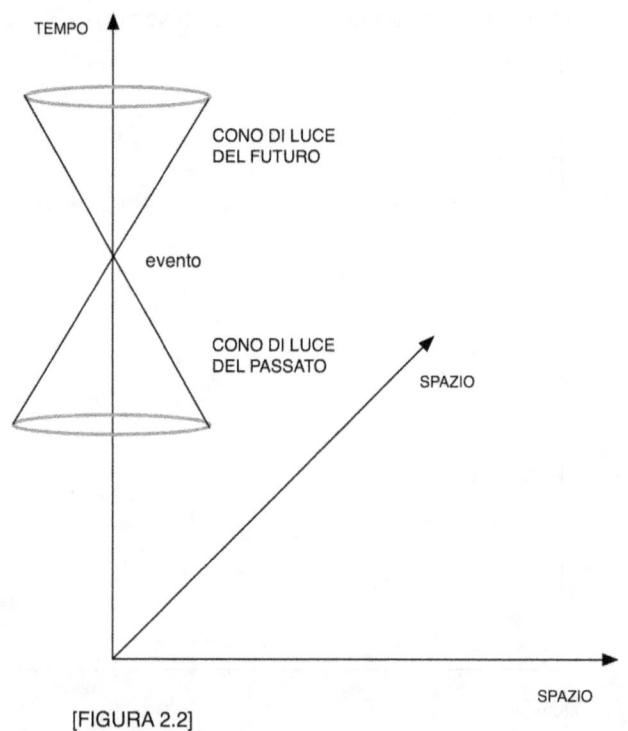

[FIGURA 2.2]

Ugualmente, il cono di luce del passato di un evento è quella parte di spazio-tempo in cui ciò che accade può influire sull'evento: conoscendo gli elementi del cono di luce del passato di un evento, si può predire l'evento stesso. Il concetto di cono di luce di un evento può sembrare un'assurdità, ma con un esempio si può intuire l'importanza e la validità della teoria: immaginiamo l'evento dello spegnimento del Sole (figura 2.3). Tale evento, come qualsiasi altro, ha un suo cono di luce del futuro nel quale si risente dello spegnimento del Sole. Nell'istante in cui il Sole smette di brillare, la Terra si trova al di fuori del cono di luce dell'evento dello spegnimento, quindi non risente dell'evento stesso. Sulla Terra il Sole sembra ancora brillare. Soltanto 8 minuti dopo la Terra entrerà nel cono di luce dell'evento e gli abitanti del nostro pianeta vedranno il Sole spegnersi (cosa che in realtà è già accaduta da 8 minuti!). Allo stesso modo, la luce delle stelle che vediamo noi oggi è partita milioni di anni fa:

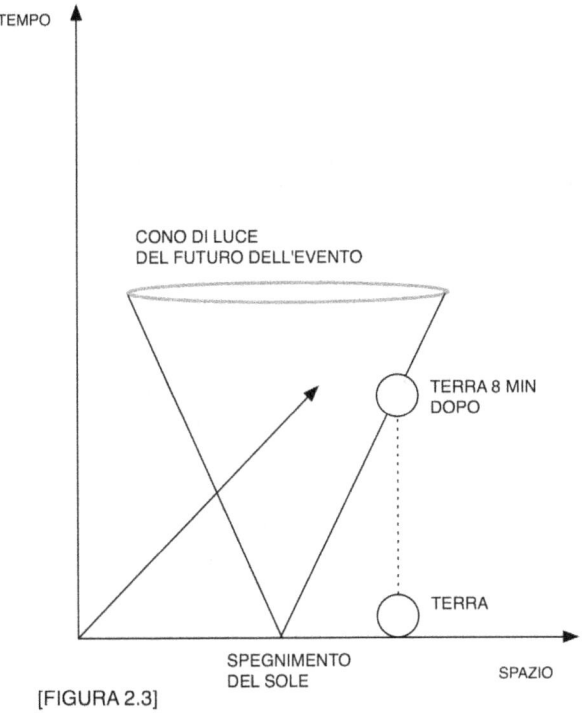

[FIGURA 2.3]

23

ciò significa che noi osserviamo un'immagine dell'universo che non corrisponde all'universo attuale, bensì ad un universo passato. Non possiamo sapere cosa sta accadendo oggi in zone remote dell'universo, perché non ci troviamo ancora nel cono di luce degli eventi più recenti.

Questa è la base della Teoria della Relatività Ristretta, nella quale si trascurano gli effetti gravitazionali. Secondo questa teoria, per ogni evento si può costruire un cono di luce e, poiché la velocità della luce è sempre costante, tutti i coni di tutti gli eventi sono orientati nella medesima direzione. Tale teoria, tuttavia, è in disaccordo con la teoria newtoniana della gravità.

Einstein, in seguito, dopo anni di tentativi per dare una spiegazione alla gravità, propone un'idea totalmente rivoluzionaria sull'attrazione dei corpi, fondata sulla distribuzione di massa ed energia nello spazio-tempo. La nuova teoria, detta Relatività Generale, si basa sull'idea che lo spazio-tempo non sia piatto come per la relatività ristretta, bensì *incurvato*. Nel senso che ogni corpo dotato di massa ed energia incurva lo spazio-tempo attorno a sé. I corpi, che si trovano a viaggiare nello spazio-tempo quadridimensionale sempre in linea retta, subiscono gli effetti della curvatura dello spazio-tempo: trovandosi di fronte a delle incurvature, infatti, seguono la geodetica, la traiettoria più breve in assoluto tra due punti (per capire meglio il concetto di geodetica basta pensare ad un aereo che vola da Roma a New York: questo non segue una traiettoria rettilinea disegnata su un planisfero, ma una traiettoria curva corrispondente alla circonferenza passante per le due città: questa traiettoria, rettilinea nello spazio tridimensionale reale ma curva su un planisfero bidimensionale, è detta appunto geodetica).

Secondo la nuova teoria, quindi, il Sole incurva lo spazio-tempo attorno a sé: i pianeti, che si muovono in linea retta nello spazio-tempo quadridimensionale, appaiono muoversi su orbite circolari attorno al sole nello spazio tridimensionale. Attraverso alcune rilevazioni, si è verificato che le predizioni di Einstein sono più precise delle orbite calcolate da Newton! La relatività generale di Einstein, quindi, propone un nuovo modo sperimentalmente più corretto di descrivere l'attrazione tra i corpi. Come spiegherò più avanti, la Relatività Generale è in contrasto con le nuove idee poste dalla meccanica quantistica. La particolarità della teoria di Einstein, infatti, è che descrive la gravità in termini geometrici, un'idea innovativa e mai applicata prima. Non bisogna mai dimenticare che ancora oggi non ci sono risposte certe o teorie definitive: a tal proposito stanno lavorando fisici in molti siti nel mondo studiando i «mattoni» fondamentali e le forze prime che formano e regolano l'universo. Scoprire com'è formata la materia permette di studiare il modo in cui questa interagisce, anche a livello gravitazionale.

*Parte terza*

# FONDAMENTI DI
# MECCANICA QUANTISTICA

*La matematica è l'alfabeto col quale Dio ha scritto l'universo*
*- Galileo Galilei*

Lo studio dell'infinitamente piccolo si è rivelato fondamentale ai fisici moderni per capire le origini della realtà e dell'universo: soltanto conoscendo le particelle fondamentali e il modo in cui queste interagiscono è possibile giungere alla conoscenza della nostra realtà fin dal suo *primo secondo*. È per questo che negli ultimi 150 anni numerosi scienziati, tra fisici e chimici, si sono concentrati in una corsa alla scoperta della materia e dell'energia. Le tappe fondamentali partono dalla famosa esperienza di Rutherford, nel 1909, quando il chimico neozelandese ipotizzò a seguito di anomalie nei risultati dei suoi studi che l'atomo non fosse indivisibile e pieno, ma che fosse composto da un piccolo *nucleo* attorno al quale orbitavano delle particelle di carica negativa – gli *elettroni*.

In seguito sono stati formulati diversi modelli della struttura dell'atomo fino a giungere a quello più conosciuto: l'atomo si ritiene sia formato da un nucleo di *protoni* – particelle cariche positivamente – e *neutroni* – di carica neutra –, attorno al quale orbitano particelle molto più piccole, gli elettroni.

Lo studio dell'elettrone ai tempi di Rutherford dava, tuttavia, risultati sperimentali discordanti dalle teorie: la fisica classica non era un buon metodo per spiegare fenomeni atomici. Solo con la teoria dei quanti i risultati sperimentali iniziavano a coincidere con le aspettative. La teoria quantistica e la dualità onda-particella sono i due pilastri della neonata meccanica quantistica, fondata appunto sull'idea che talvolta le particelle corpuscolari si comportano come onde elettromagnetiche e viceversa. Per capire meglio il concetto, prendiamo un esempio come la luce visibile: perché i risultati sperimentali coincidano con le leggi matematiche, talvolta va pensata come onda elettromagnetica, talvolta come particella (il *fotone*). La luce, infatti, è soggetta alla rifrazione, tipica delle onde, ma anche all'azione della gravità, tipica delle particelle corpuscolari. Un raggio di luce che passa vicino al Sole viene deviato, effetto caratteristico della gravità. In parallelo alla dualità onda-particella si è sviluppata appunto anche la teoria dei quanti, formulata da Planck nel 1901, secondo la quale l'energia può essere emessa soltanto in «pacchetti» fissi ben precisi: un «pacchetto di energia» è detto *quanto*. Si deduce da queste nuove leggi che l'elettrone, particella che possiede energia, si comporta talvolta come onda, talvolta come particella corpuscolare, e può muoversi soltanto secondo alcune traiettorie ben precise, che corrispondono a quanti di energia interi (per comprendere questo fenomeno si può pensare all'elettrone come una piccola particella che orbita attorno al nucleo seguendo una traiettoria ondulatoria: l'elettrone può seguire solo le traiettorie nelle quali arriva esattamente nel punto di partenza allo stesso punto dell'onda). Gli elettroni, e in generale tutte le particelle fondamentali, sono caratterizzati da una serie di coordinate, i cosiddetti *numeri quantici*. Essi consentono di identificare univocamente ogni elettrone appartenente ad un atomo a seconda delle sue caratteristiche. I numeri quantici sono quattro e definiscono rispettivamente il livello energetico (o con quanta energia) si muove l'elettrone, la forma dell'orbitale in cui si muove (cioè la traiettoria che segue), il tipo di magnetizzazione e il suo *spin*, una proprietà intrinseca di ogni particella: lo spin rappresenta dopo quante rotazioni la particella torna nello stato iniziale. Una particella con spin 0, ad esempio, è sempre uguale durante tutta la rotazione, una particella con spin 1 torna nel suo stato iniziale dopo 1 giro completo, una particella con spin 2 dopo mezzo giro completo. L'elettrone ha spin $\pm 1/2$, ritorna cioè nel suo stato iniziale soltanto dopo 2 rotazioni complete. Lo spin è una proprietà importantissima dell'elettrone e, come spiegherò più avanti, è determinante nello studio delle particelle fondamentali.

Esistono altri due principi fondamentali che regolano la meccanica quantistica: il famoso Principio di Indeterminazione di Heisenberg, innanzitutto, il quale afferma che è impossibile determinare con certezza sia la quantità di moto di una particella sia la sua posizione, perché lo strumento stesso usato per l'analisi porta ad un errore nella misurazione. Per determinare la posizione di un elettrone, ad esempio, si usano onde elettromagnetiche che, colpendo la particella, rivelano la sua posizione ma allo stesso tempo forniscono energia e ne modificano quindi la sua quantità di moto! Il principio di Heisenberg, di conseguenza, predice sempre un grado di incertezza in qualsiasi misurazione o legge, ma permette anche la formulazione di teorie basate sulla probabilità e su scenari che per casi fortuiti potrebbero verificarsi, per quanto impossibili questi possano sembrare. Si può pensare in questo caso ad una bombola piena di gas: secondo Heisenberg non si ha mai la certezza che il gas si disponga uniformemente all'interno della bombola; uno scenario in cui il gas è disposto in modo uniforme è certamente quello con la probabilità più alta, ma non si può escludere che in un dato istante *tutte* le molecole di gas si trovino nel lato sinistro della bombola, lasciando il lato destro vuoto. In questo senso Heisenberg, con il principio di indeterminazione, ha paradossalmente aperto a nuove possibilità di studi, anche sulle origini dell'universo, ammettendo scenari che, nonostante quasi impossibili, potrebbero essersi verificati.

A regolare la meccanica quantistica c'è anche il Principio di Esclusione di Pauli, che tornerà utile più avanti: esso afferma che è impossibile che due elettroni (o particelle generiche) abbiano le stesse coordinate quantiche. Questo principio è fondamentale perché definisce *come* devono disporsi gli elettroni attorno al nucleo e a quali energie: non è possibile, quindi, che due elettroni abbiano la stessa energia, stesso tipo di orbitale, stesse caratteristiche magnetiche e stesso spin! È un grande passo avanti nella conoscenza dell'infinitamente piccolo perché ha permesso la formulazione di modelli più precisi dell'atomo e perché, come vedremo, sono state poi scoperte alcune particelle che non seguono tale principio! Chiusa questa parentesi riguardo al principio di esclusione di Pauli, lo studio dell'infinitamente piccolo ha portato molti fisici a pensare che tutte le interazioni possibili fra particelle fossero in realtà soltanto quattro: quella più conosciuta, la forza gravitazionale, è sicuramente la più debole di tutte e per questo spesso viene trascurata; la forza elettromagnetica, da cui dipendono tutti i fenomeni elettrici e magnetici ed è determinante per il legame che mantiene gli elettroni – di carica negativa – attorno al nucleo – di carica positiva grazie ai protoni; la forza nucleare forte, che agisce nel nucleo e contrasta la repulsione elettrica tra i protoni, mantenendoli legati; la forza nucleare debole, che agisce tra nucleo ed elettroni ed è responsabile della radioattività. Attraverso studi successivi, si è poi scoperto che al di sopra di una determinata energia ($\sim$ 100 GeV) la forza elettromagnetica e la forza nucleare debole diventano simmetriche, cioè identiche: le due forze fondamentali, elettromagnetica e nucleare debole, sono in realtà due aspetti di una stessa forza, detta *elettrodebole* (da questa scoperta è nata una importante teoria, detta GUT, secondo cui tutte le forze fondamentali siano in realtà aspetti di una stessa forza; non è possibile ad oggi però verificare la veridicità di tale teoria perché l'energia alla quale dovrebbe avvenire la Grande Unificazione è irraggiungibile dall'uomo).

A questo punto dello studio della meccanica quantistica una domanda che può venire spontanea è come si possono realmente *vedere* le particelle di cui è composto un atomo per verificare le teorie, viste le dimensioni estremamente ridotte. La risposta deriva proprio dalla dualità onda-particella! È naturalmente impossibile *vedere*, nel senso comune del termine, particelle tanto piccole, ma se queste sono analizzate come *onde*, è sufficiente colpirle con altre particelle ad energia più alta, quindi con lunghezza d'onda minore, per rivelarle! La luce con cui *vediamo*, in fondo, è semplicemente composta da onde di lunghezza compresa tra i 400 e i 700 nanometri: un rivelatore sensibile a lunghezze d'onda inferiori permette di vedere anche la luce al di sotto dei 400 nm (su questo concetto si basano ad esempio gli esami ai raggi X che comunemente si eseguono in ospedale).

Giunti, quindi, ad un buon modello di atomo che risponde a tutti i risultati sperimentali, i fisici si sono domandati se le componenti dell'atomo – protoni, neutroni ed elettroni – fossero davvero particelle fondamentali o se fossero nuovamente divisibili. La risposta è giunta dallo spazio, studiando i raggi cosmici che quotidianamente colpiscono l'atmosfera terrestre e reagiscono con le particelle dell'aria. Studiando il comportamento e le componenti dei raggi cosmici, sono state scoperte nuove particelle, tra cui il *positrone* (un elettrone con carica positiva), il *muone* e il *neutrino*. La scoperta del neutrino ha permesso di spiegare alcuni fenomeni, come il decadimento beta, che non coincidevano con la relatività e le teorie conosciute. Anche la scoperta del positrone è stata fondamentale, perché ha aperto la strada alla conoscenza dell'antimateria, protagonista fondamentale della fisica. Una particella di antimateria ha carica opposta alla corrispondente particella di materia. Le caratteristiche dell'antimateria sono fondamentalmente due: un'onda ad energia molto alta, innanzitutto, può interagire con la materia e formare una coppia elettrone-positrone. Si ha dunque la conversione di energia in massa, secondo l'equazione della relatività $E=mc^2$. Il fenomeno opposto, invece, è detto *annichilazione di coppia*: una particella, a contatto con la sua antiparticella, si annichila, ovvero reagisce convertendo l'intera massa in energia, sottoforma di onde elettromagnetiche.

È stato necessario, a seguito della scoperta di tutte queste nuove particelle, eseguire un lungo processo di semplificazione e classificazione, terminato con la definizione del cosiddetto *Modello Standard*, che include tutte le conoscenze sulle particelle fondamentali. La prima suddivisione delle particelle è tra *leptoni* ed *adroni*. I leptoni sono le particelle più leggere e tuttora sono considerate *particelle fondamentali*, indivisibili. I leptoni non risentono della forza nucleare forte, ma soltanto di quella debole. A tale categoria appartengono sei particelle divise in tre generazioni (che definiscono la stabilità delle particelle): l'elettrone e il neutrino elettronico formano la prima generazione, accompagnati dalle relative antiparticelle; il *muone,* il *neutrino muonico,* il *tauone* e il *neutrino tauonico,* insieme alle relative antiparticelle, formano le altre due generazioni. Gli adroni, invece, *non* sono particelle fondamentali, ma sono a loro volta divisibili: a questa categoria appartengono protoni e neutroni. Le particelle fondamentali che compongono gli adroni sono i *quark.*

I quark sono classificati in sapori e colori (sono nomi di fantasia e ad essi non corrispondono davvero «sapori» e «colori»!): esistono quindi quark *up, down, charm, strange, top* e *bottom,* anche questi organizzati in tre generazioni di stabilità. Ogni sapore, o tipo, di quark si può presentare sottoforma di tre «colori», rosso, verde e blu. Ogni adrone è formato dalla combinazione di tre quark (o antiquark) di tre colori diversi, in modo che la particella si possa così definire *bianca* (la somma di rosso, verde e blu, infatti, è il bianco). Il protone, ad esempio, è formato da due quark up e un quark down; il neutrone, invece, da due quark down e un quark up. I sei sapori di quark e i sei leptoni costituiscono quindi quelle che oggi vengono considerate le *particelle fondamentali* che compongono tutta la materia.

Il Modello Standard, tuttavia, non si limita soltanto a definire le particelle fondamentali, ma va ben oltre, riscrivendo totalmente il modo in cui queste interagiscono, tenendo conto della Relatività Generale e delle nuove scoperte!

### Modello Standard

| QUARK | | | | LEPTONI | |
|---|---|---|---|---|---|
| UP | DOWN | I gen. | NEUTRINO e | ELETTRONE |
| CHARM | STRANGE | II gen. | NEUTRINO μ | MUONE |
| TOP | BOTTOM | III gen. | NEUTRINO τ | TAUONE |

[FIGURA 3.1] La prima generazione è la più stabile: le particelle della seconda e terza generazione tendono, col tempo, a decadere in quelle di prima generazione.

Nel Modello Standard, infatti, le particelle possono essere suddivise ulteriormente in *fermioni* e *bosoni* a seconda dello spin che le caratterizza. Sono definite fermioni tutte le particelle con spin semintero ($\pm 1/2$, $\pm 3/2$, ...), mentre quelle con spin intero (0, 1, 2, ...) sono dette bosoni. Qual è la differenza sostanziale tra fermioni e bosoni? I fermioni, dotati di spin semintero, devono soddisfare il principio di esclusione di Pauli, mentre i bosoni *non* devono necessariamente soddisfarlo! Bene, e quindi? Ora viene il bello... Nel Modello Standard le interazioni tra particelle non sono più descritte da «forze», ma dal più moderno concetto di campo e dalla sua applicazione alla Relatività Generale: l'interazione tra particelle avviene, infatti, attraverso l'emissione ed il successivo l'assorbimento di particelle di massa nulla portatrici di energia! Una particella comune emette una particella portatrice di un quanto di energia che viene assorbita dalla seconda particella comune, modificando quindi le traiettorie di entrambe le particelle e risultando sostanzialmente in un'interazione tra le due. Il concetto di *particella* non è più limitato ad un qualcosa che possiede una massa, ma include anche un qualcosa di massa nulla! È necessario distinguere, dunque, le *particelle portatrici di massa* dalle *particelle portatrici di energia*, o particelle di campo. Ciò che permette di determinare a quale categoria appartiene una particella è lo spin! In sostanza, i *fermioni* sono particelle portatrici di *massa*, mentre i bosoni sono particelle portatrici di energia! I fermioni, in definitiva, emettono bosoni per interagire tra loro: prendiamo, ad esempio, due elettroni: questi sono soggetti ad una forza elettromagnetica repulsiva, in quanto entrambi sono di carica negativa; invece di pensare ad una forza immaginaria che respinge tra loro le due particelle, il Modello Standard prevede che un elettrone emetta un *fotone virtuale* (il fotone è il bosone portatore della forza elettromagnetica), perdendo quindi energia e modificando il suo moto, e che questo fotone sia assorbito dal secondo elettrone, che acquista energia e modifica la sua traiettoria a causa dell'urto: tra le due particelle è come se fosse agita una forza identica a quella elettrica che ci si aspetterebbe. I bosoni, quindi, sono gli intermediari delle interazioni tra particelle. Ad ogni forza fondamentale si può associare un *campo*, un raggio d'azione. Il campo delle quattro forze fondamentali, di conseguenza, è il raggio d'azione dei relativi bosoni: la forza elettromagnetica ha raggio d'azione infinito ed il bosone portatore è il *fotone*; la forza nucleare forte ha raggio d'azione molto breve ed il bosone portatore è il *gluone*; la forza nucleare debole ha raggio d'azione molto breve ed i bosoni portatori sono i *bosoni vettoriali* $W^+$, $W^-$, $Z^0$; la forza gravitazionale ha raggio d'azione infinito e si pensa sia portata dal *gravitone*, nonostante questo non sia ancora stato trovato. Il fatto che i bosoni non devono soddisfare il principio di esclusione di Pauli permette di non porre un limite al numero di bosoni scambiabili: sommando l'effetto di ciascuna interazione, si può pensare che si formi una forza totale forte come quelle nucleari! I bosoni, ed in generale tutte le particelle portatrici di energia, sono dette *virtuali*, poiché vengono emesse ed assorbite in un tempo così piccolo da non poter essere rilevate in alcun modo e da poter violare leggi della relatività (si ricorda, infatti, che secondo il Principio di Indeterminazione di Heisenberg esiste la possibilità che tali leggi siano violate purché questo avvenga in un tempo brevissimo). Le particelle virtuali, quindi, non sono rilevabili in alcun modo, ma si può invece rilevare il loro effetto, quello di «trasferire» energia. Se non si tenesse conto di tali particelle, molti calcoli teorici non coinciderebbero con i risultati sperimentali! È importante accennare, in ogni caso, che le particelle virtuali, se sottoposte a grandi quantità di energia, possono diventare vere e proprie particelle *reali*, nella forma di una coppia di particella e antiparticella.

A questo punto della spiegazione del Modello Standard si può parlare della famosa particella di cui tutti i giornali parlano di tanto in tanto: la particella di Dio, il famoso *Bosone di Higgs*. Il Modello Standard, infatti, nonostante gli incredibili successi sperimentali, prevede, purché sia valido, che le particelle elementari siano necessariamente prive di massa! Com'è possibile che le particelle che compongono la materia siano totalmente prive di massa? È un grande controsenso, confermato con l'inserimento della massa nelle equazioni del Modello Standard: l'intero sistema matematico crolla. È il fisico Peter Higgs che per primo propone una soluzione al problema, fornendo massa alle particelle senza che questa influenzi il Modello Standard. Secondo Higgs, le particelle non hanno materia in sé, ma si trovano tutte all'interno di un campo che pervade l'intero universo, detto *Campo di Higgs*, che «frena» ogni particella in modo diverso, rendendola più o meno pesante: ogni particella, in questo modo, acquisirebbe una resistenza al moto, o meglio una *massa*, senza che questa influisca sul Modello Standard stesso! (Le particelle, infatti, hanno in ogni caso massa nulla: la loro massa apparente viene acquisita grazie al campo di Higgs). La teoria di Higgs prevede, inoltre, che in alcune interazioni tra particelle elementari si formi un particolare bosone, detto *bosone di Higgs*, senza il quale alcune interazioni non coinciderebbero con le teorie. Trovare il Bosone di Higgs, quindi, significa provare che la teoria dell'acquisizione della massa attraverso il campo di Higgs è corretta e che il Modello Standard è valido! *Trovare il Bosone di Higgs significa dare una risposta al perché tutto ciò che ci circonda ha una massa!* Ad oggi non si ha una conferma della validità della teoria di Higgs: come descriverò nell'ultimo capitolo, gli studi nei grandi acceleratori di particelle stanno tentando di dare tutt'oggi risposte.

L'altro punto debole, per così dire, della meccanica quantistica è sicuramente la parte dedicata all'analisi della gravità: nel Modello Standard, infatti, la gravità è trattata come le altre tre forze fondamentali: si prevede che esista il *gravitone*, particella portatrice dell'interazione gravitazionale, che trasferisca energia esattamente come il fotone o il gluone. Il gravitone, tuttavia, non è ancora stato osservato e la sua azione sarebbe diversa da quella prevista dal modello relativistico che trova riscontri incredibilmente precisi nella realtà! Il problema della fisica moderna è proprio una mancata integrazione tra le due grandi nuove teorie, la meccanica quantistica e la Relatività Generale. La teoria della relatività è considerata, infatti, una teoria *classica*, cioè non fondata sul principio di indeterminazione di Heisenberg e sulla teoria dei quanti. Benché le due teorie in sé non si sovrappongono, in quanto la Relatività Generale si occupa di descrivere fenomeni su larga scala (l'universo, i pianeti, ...) e la meccanica quantistica di fenomeni appartenenti all'infinitamente piccolo (atomo, particelle, ...), esse hanno un punto d'incontro, la gravità, una forza tanto debole a livello nucleare quanto fondamentale nel regolare l'intero universo. Einstein ha trattato la gravità in modo geometrico, descrivendola come effetto del movimento dei corpi nello spazio-tempo quadridimensionale. La meccanica quantistica, invece, l'ha trattata come una qualsiasi altra forza fondamentale, con qualche differenza sostanziale: l'interazione gravitazionale, ad esempio, è l'unica forza esclusivamente attrattiva e che agisce tra tutti i corpi dotati di massa nell'intero universo (quindi con raggio d'azione infinito). È per questo che molti fisici oggi tentano di unificare le due teorie, per giungere ad una grande teoria finale che spieghi (quasi) ogni fenomeno nell'universo, sia su grandi che su piccolissime scale. Oggi si conoscono alcuni punti fondamentali che tale teoria dovrebbe avere, ma siamo ancora ben lontani dal completarla! Nel tentativo di spiegare con un'unica teoria sia le interazioni quantistiche, sia le leggi della relatività, sono emerse nuove teorie, più o meno bizzarre, ad oggi senza un vero riscontro sperimentale. Tra le teorie più importanti ricordo quella delle *supercorde*, in cui le particelle non sono più viste come puntiformi, ma come delle corde all'interno di un «foglio» d'universo.

Lo studio dell'universo e delle sue origini è condizionato dai problemi della fisica moderna e ancora oggi non si conoscono molti particolari dei primi secondi della sua esistenza. Tra i problemi tuttora aperti nello studio delle origini dell'universo non si riesce a dare una risposta certa per esempio al motivo per cui nell'universo c'è più materia che antimateria (se fossero state in uguali quantità si sarebbe interamente annichilata) o al perché l'universo ci appare straordinariamente uniforme guardando in qualsiasi direzione. Nel prossimo capitolo cercherò di descrivere le più importanti teorie attuali e di dare qualche spiegazione plausibile sul *primo secondo* dell'universo.

*Parte quarta*

# I PRIMI ISTANTI
# DI VITA DELL'UNIVERSO

*E cielo e terra si mostrò qual era*
*- Giovanni Pascoli*

Con l'evolversi delle nuove teorie scientifiche, dalle scoperte di Hubble alla relatività e alla meccanica quantistica, astronomi e cosmologi hanno proposto nuovi modelli sempre più avanzati e complessi, per descrivere meglio l'origine dell'universo in cui ci troviamo a vivere. A seguito della scoperta di Hubble di un universo in espansione, infatti, mancavano delle buone teorie che spiegassero il comportamento dell'universo negli ultimi miliardi di anni: uno tra i primi fisici a formulare un modello di un universo in espansione è stato un cosmologo russo, Aleksandr Fridman. I suoi modelli, alla base di tutti quelli attuali, si basano su due postulati fondamentali: che l'universo appaia uguale in qualunque direzione si volga lo sguardo e che questo valga anche guardando l'universo da altre galassie. Per quanto strani possano sembrare, questi due assunti sono essenzialmente corretti: è stato rilevato negli anni successivi, infatti, durante uno studio sulle radiazioni a microonde, un fondo di radiazioni presente in ogni direzione in modo estremamente uniforme. Si pensa che questa radiazione sia ciò che rimane della luce emessa nell'istante del *big bang*, di cui parlerò a breve. Non è possibile confermare sperimentalmente il secondo postulato di Fridman, ma si pensa sia corretto, altrimenti la Terra dovrebbe trovarsi esattamente al centro dell'universo, cosa assai improbabile! Partendo da questi due assunti, dunque, Fridman ha descritto un modello di universo, a cui ne sono seguiti poi altri due analoghi: secondo il fisico, vista l'espansione delle galassie, ci dev'essere stato un istante, chiamato *big bang,* in cui erano tutte concentrate in un unico punto: una grande esplosione e l'universo ha iniziato ad espandersi in modo uniforme. Secondo il suo modello l'universo smetterà di espandersi a causa della forza di gravità e ritornerà ad essere concentrato di nuovo in un unico punto, nell'istante del *big crunch.* In tale modello lo spazio-tempo non è infinito, perché giunge ad un punto in cui smette di espandersi e torna a contrarsi; tuttavia è illimitato, perché non presenta alcun limite! Il concetto di spazio finito ma illimitato è piuttosto semplice: basta pensare alla superficie della Terra, sicuramente non infinita ma, nonostante ciò, illimitata, perché non si giunge mai ad un limite! Lo spazio-tempo nel modello di Fridman, quindi, ha una forma all'incirca sferica: lo spazio si espande per poi contrarsi e tornare ad essere un unico punto. Il secondo modello di Fridman prevede invece che lo spazio sia infinito, perché l'universo avrebbe una velocità di espansione tale da vincere la gravità e continuare ad espandersi per sempre. Come un razzo che, se ha una velocità sufficiente, riesce a vincere la gravità terrestre ed allontanarsi dalla Terra, così l'universo, nel caso avesse una velocità di espansione sufficiente, sarebbe in grado di espandersi all'infinito. In questo modello, lo spazio-tempo è infinito e in continua espansione. Esiste un terzo modello, in cui l'universo possiede esattamente la velocità di espansione necessaria ad evitarne il collasso: in questo caso, l'espansione tenderebbe ad azzerarsi, senza mai contrarsi. Si avrebbe quindi un universo pressoché in equilibrio. In questo caso, lo spazio-tempo è piatto. Non è possibile indicare quale di questi tre modelli sia quello che descrive il nostro universo, perché ad oggi non abbiamo ancora gli strumenti adatti per misurare con una precisione sufficiente la velocità di espansione dell'universo. Alcuni fisici hanno criticato Fridman per i suoi postulati: com'è possibile che l'universo appaia uguale da ogni parte lo si guardi, se noi dalla Terra vediamo tutte le galassie allontanarsi da noi? La riposta è piuttosto semplice: ogni galassia non solo si allontana dalla Terra, ma si allontana anche da tutte le altre galassie! Come un palloncino su cui sono disegnati dei puntini: se si gonfia il palloncino, tutti i puntini si allontanano tra loro contemporaneamente!

Tutti i modelli di Fridman, comunque, hanno in comune che all'inizio ci sia stato un istante in cui tutta la materia dell'universo era concentrata in un unico punto, il big bang. In tale caso, però, la concentrazione della materia avverrebbe in un volume zero, cosicché la densità sarebbe infinita! Qui entra in gioco forse il più grande limite della Relatività Generale, a cui avevo già accennato: in un punto di densità infinita, anche la curvatura dello spazio-tempo sarebbe infinita e la Relatività stessa non sarebbe in grado di prevedere o descrivere nulla: in poche parole, la Relatività Generale stessa predice che nel caso l'universo sia iniziato con un big bang, questa non sarebbe valida in quell'istante e non riuscirebbe a descriverlo! Questo è un esempio di *singolarità*, un caso in cui un teorema (matematico) non è valido. È impossibile, quindi, conoscere ciò che è avvenuto *prima* del big bang: si può dichiarare che il tempo sia iniziato con il big bang (se non è possibile conoscere il big bang, lo stesso vale per qualsiasi evento ad esso anteriore: è inutile quindi pensare di studiare il passato del big bang; è per questo che non ha nemmeno senso il concetto di tempo). Il fatto che il tempo abbia avuto un inizio è stato ovviamente oggetto di molte critiche che hanno portato alla definizione di un nuovo modello, detto *stazionario*, abbandonato però pochi anni dopo. Secondo tale modello l'universo poteva essere in continua espansione e senza un big bang se tra gli spazi intergalattici continuava a formarsi nuova materia. La teoria non contrastava i risultati sperimentali perché la materia che doveva formarsi affinché lo stato dell'universo fosse stazionario, appunto, era talmente piccola da non essere osservabile. Ben presto, però, tale teoria è stata abbandonata perché alcune ipotesi riguardo alla densità dell'universo non reggevano. Un grande passo avanti nello studio dell'universo è giunto alla fine degli anni Sessanta grazie alle analisi di Hawking e Penrose sui buchi neri: secondo loro, se l'universo era davvero iniziato come uno dei modelli di Fridman, allora *doveva* esserci stato l'evento del big bang. Era forse plausibile, tuttavia, che il big bang non coincidesse automaticamente con una singolarità dello spazio-tempo, perché in tale evento la materia sarebbe stata tanto concentrata da risentire anche degli effetti quantistici! Come già detto, infatti, il Principio di

Indeterminazione di Heisenberg, oltre ad aggiungere un grado di incertezza a qualsiasi misurazione, permette anche di considerare nuove prospettive sullo studio delle origini dell'universo! È per questo che negli ultimi anni gran parte dei fisici hanno concentrato le loro energie nello sforzo di formulare una singola teoria quantistica della gravità. Tra le teorie attuali più importanti riguardo all'origine dell'universo quella *inflazionaria* è sicuramente tra le più complete: a partire da una situazione del tutto simile a quella del big bang caldo, si è ipotizzato che nei primi istanti dopo il big bang l'universo, in uno stato caotico, si sia espanso a velocità elevatissime e con moltissima energia: a quei livelli di energia ci si aspetta che le forze fondamentali siano unificate, simmetriche; tale espansione deve aver lasciato un universo molto uniforme ed omogeneo. Col passare del tempo, però, l'energia dev'essere diminuita, scendendo al di sotto del livello di unificazione delle forze fondamentali. Se l'energia è diminuita molto lentamente, tuttavia, è possibile che l'universo sia sceso sotto il limite di unificazione delle forze senza che la simmetria si rompesse (allo stesso modo si può agire con l'acqua: raffreddandola molto lentamente è possibile portarla sotto gli 0 °C senza che questa perda la sua simmetria e diventi ghiaccio). In uno stato come questo, l'universo avrebbe più energia di quella che dovrebbe avere: sarebbe quindi in uno stato instabile, in cui l'energia «extra» avrebbe provocato un'ulteriore accelerazione nell'espansione. Grazie a questa teoria si può spiegare l'incredibile uniformità delle galassie, nonché il motivo per cui oggi la velocità di espansione sia così vicina a quella critica! Nel modello *inflazionario*, infatti, l'universo rallenterebbe la propria espansione fino a raggiungere un valore molto vicino a quello critico, senza particolari condizioni iniziali necessarie. Il modello inflazionario spiega, inoltre, il motivo per il quale nella nostra porzione di universo ci sia tanta materia: *soltanto* nel modello inflazionario si può supporre, infatti, che per effetti quantistici dall'energia si sia creata moltissima materia senza violare alcun principio di conservazione e senza modificare la densità media dell'energia nell'universo! In un'espansione normale, la densità di energia diminuisce con l'espandersi dell'universo, cosa che invece non accade nella teoria dell'espansione inflazionaria. Nel periodo successivo alla formulazione di tale teoria si è cercato di capire, tuttavia, come poteva essere avvenuta la rottura della simmetria delle forze, visto che oggi l'universo è stabile e non si sta espandendo in modo inflazionario. Immaginando che in un certo istante la simmetria tra le forze sia venuta meno, l'universo deve aver proseguito in un'espansione rallentata dalla gravità, come quella che vediamo noi oggi, come quella predetta dalla teoria del big bang caldo (con la differenza che ora si avrebbe una risposta al perché l'universo sia così uniforme e al perché la velocità di espansione sia tanto vicina a quella critica).

È difficile immaginare, tuttavia, una rottura delle simmetrie e così tante condizioni perché questa teoria sia esatta. Una teoria migliore, proposta da Andrej Linde nel 1983, è quella del *modello inflazionario caotico*. In questo modello non c'è la fase di rottura delle simmetrie o di energia «extra»: c'è semplicemente un campo di spin 0 che, a causa di fluttuazioni quantistiche (piccole differenze spiegate dal principio di indeterminazione di Heisenberg), avrebbe avuto in alcune aree più energia e portato ad un'espansione inflazionaria, fino a rallentare e diventare una semplice espansione da big bang caldo: in una di queste aree dovremmo trovarci noi. Con il modello inflazionario caotico si hanno tutti i vantaggi del modello inflazionario senza dipendere da rottura di simmetrie o altro. Il modello inflazionario caotico permette, inoltre, di prevedere che le condizioni dell'universo di oggi possono derivare da un numero molto alto di configurazioni iniziali: non è necessario che l'universo all'inizio fosse in una condizione *particolare* perché si sia evoluto fino a giungere allo stato odierno. Questo non esclude, tuttavia, che per alcune configurazioni iniziali l'universo sarebbe diverso da come lo vediamo oggi! Per poter studiare veramente il *primo secondo*, sarebbe necessario possedere leggi scientifiche valide anche nell'istante del big bang: una teoria quantistica della gravità potrebbe essere una buona risposta, perché grazie all'impostazione quantistica si potrebbe pensare ad un universo iniziato con un big bang *senza singolarità*!

Un universo senza singolarità è possibile solo misurando il tempo *immaginario*, anziché quello reale. Utilizzando i numeri immaginari per misurare il tempo, si nota che l'asse temporale e quelli spaziali diventano assolutamente identici tra loro e formano uno spazio-tempo euclideo. Una conseguenza di tale stato quantico è che l'universo, misurato nel tempo immaginario, è finito ma illimitato! Se davvero ci trovassimo in tale stato, però, sarebbe difficile immaginare come rapportarsi tra tempo reale e tempo immaginario. Il tempo in cui viviamo è quello reale o quello immaginario? Si può escludere una singolarità nel tempo reale solo perché non è presente in quello immaginario? Le condizioni dell'universo ai tempi delle sue origini devono essere state così estreme che non è possibile nemmeno immaginare quanta importanza hanno rivestito le fluttuazioni quantistiche e le interazioni tra particelle! Non essendo possibile, per ovvie ragioni, dare risposte certe circa l'esattezza di questa e di tutte le altre teorie, i fisici negli ultimi 50 anni si sono sbizzarriti nel formulare nuovi modelli nella speranza di trovare, in futuro, delle conferme concrete: modelli molto diversi dai precedenti, per lo più indipendenti da qualsiasi riscontro sperimentale.

A metà degli anni Ottanta, ad esempio, una delle teorie «alternative» sviluppate è stata quella delle *supercorde*, secondo la quale le particelle non sono puntiformi, bensì sono delle corde, aperte o chiuse, che grazie all'onda che trasportano accumulano energia. L'unione di due corde corrisponde all'assorbimento di una particella, la suddivisione di una corda all'emissione di un nuovo bosone (vedi interazioni nel Modello Standard). Un vantaggio di questa teoria è che mantiene gli stessi risultati predetti dalla Relatività Generale e al tempo stesso riesce a dare una spiegazione alla gravità, entro certi limiti. Uno dei problemi, però, che sta alla base di questa teoria è che, perché sia valida, lo spazio-tempo non dev'essere composto da quattro, ma da dieci dimensioni! Secondo i sostenitori di tale teoria, le sei dimensioni aggiuntive che noi non vediamo sono arrotolate su se stesse in dimensioni minime, dell'ordine del pentilione di centimetro. L'idea è simile a quella di una palla da golf: a piccoli ordini di grandezza il bordo è incurvato e irregolare, mentre guardandola normalmente sembra perfettamente sferica. Nonostante la teoria delle supercorde si proponga come teoria unificatrice della fisica (riesce difatti ad unificare tutti i tipi di particelle e di interazioni), rimangono ancora vari problemi irrisolti prima che la si possa definire tale.

Un'altra teoria degna di nota, nata nel contesto della teoria delle supercorde, è quella della *supersimmetria*, anche detta SUSY (SUper SYmmetry). Secondo un'idea nata negli anni Settanta, ad ogni bosone ed ad ogni fermione si associano delle particelle supersimmetriche, dette superpartner, che hanno spin diverso dalle relative particelle. I superpartner dei fermioni (quark, elettroni e neutrini) avrebbero spin 0, mentre i superpartner dei bosoni (gluoni, bosoni vettoriali $W^{\pm}$ e $Z^0$, gravitoni) avrebbero spin semintero (1/2 o 3/2). Questa teoria permette di risolvere alcuni problemi ancora inspiegati dal Modello Standard, aggiungendone però altri. La teoria della supersimmetria si collega a quella delle supercorde perché ne determina i modi di vibrazione delle particelle e delle stringhe.

La necessità di trovare una teoria che unifichi la fisica è in ogni caso un passo fondamentale verso la conoscenza completa dell'universo: negli ultimi secoli cosmologi e fisici hanno continuato a formulare teorie parziali che, con una buona approssimazione, descrivessero correttamente i fenomeni naturali. La chimica, ad esempio, è riuscita a descrivere le interazioni tra atomi prima ancora di conoscerne la struttura interna! Non è lecito sapere, purtroppo, se siamo vicini alla struttura ultima della materia, se esiste davvero una struttura ultima o se mai la conosceremo. Sembrerebbe, tuttavia, che esiste un ordine nella natura e nel comportamento della materia che ci porta a pensare che in realtà un senso ultimo c'è. Lo sforzo di trovare una teoria unificatrice che spieghi l'intera realtà potrebbe quindi non essere vano e portare a dei risultati concreti! Soltanto in centri di ricerca come il CERN a Ginevra si può sperare di trovare risposte o indizi che permettano d'intuire lo schema alla base della natura...

*Parte quinta*

## UNO SGUARDO
## ALLA RICERCA ATTUALE

*Fatti non foste a viver come bruti,*
*Ma per seguir virtute e canoscenza*
*- Dante Alighieri*

L'imponente acceleratore LHC di Ginevra è il più grande acceleratore del mondo, costruito appositamente per accelerare adroni e ioni pesanti. Ha una circonferenza di 27 km, si trova a 100 metri sotto terra ed è coronato da sei esperimenti, volti a studiare le collisioni tra particelle ad alta energia ognuno in un modo diverso. Gli esperimenti su LHC sono ALICE, ATLAS, CMS, LHCb, TOTEM e LHCf. I due esperimenti più grandi, ATLAS e CMS, hanno l'obiettivo di studiare la miriade di particelle prodotte dalle collisioni nell'acceleratore e di eseguire delle analisi generali su qualsiasi tipo di fenomeno fisico che avviene durante le collisioni. I due esperimenti di medie dimensioni, ALICE e LHCb, sono specializzati invece nello studio di fenomeni molto più specifici, come ad esempio la struttura e la composizione del *brodo primordiale*. I due esperimenti minori, invece, si concentrano solo sull'analisi dei protoni. È importante sottolineare come questa ricerca condotta al CERN abbia riunito *tutte* le comunità scientifiche nel mondo, con i medesimi obiettivi e con una lingua comune – quella della matematica e del metodo scientifico. Grazie al contributo di molti paesi nel mondo, è stato possibile realizzare l'ambizioso progetto di un acceleratore capace di fornire un'energia impensabile anche solo una manciata di anni fa! Si stima che entro il 2013 si possa raggiungere un'energia di regime di 14 TeV (tera-elettronvolt, l'unità di misura dell'energia a livello nucleare). Un'energia tale permetterebbe di avere conferme riguardo alla teoria dei quark che, per quanto generalmente accettata nel Modello Standard, non ha ancora ottenuto risultati sperimentali concreti: non è mai stato isolato un quark dai tre che compongono un adrone perché sono necessarie energie fino a ieri irraggiungibili!

Ciò nonostante, il CERN ha già fornito negli anni passati risultati ragguardevoli! Uno dei più importanti è stato sicuramente la sperimentazione dell'unificazione della forza nucleare debole con la forza elettromagnetica al di sopra dell'energia di unificazione, dell'ordine dei 100 GeV. Nello stesso contesto si è anche rivelata l'esistenza dei bosoni vettoriali W e Z, portatori della forza nucleare debole: tale risultato è fondamentale per la sperimentazione del Modello Standard e della teoria dell'interazione attraverso particelle bosoniche!

Esaminando gli obiettivi più interessanti oggi al CERN, ai primi posti c'è sicuramente la ricerca del Bosone di Higgs, la particella di Dio, che confermerebbe appieno la veridicità di tutte le teorie riguardo alle interazioni fondamentali e alla Relatività Generale. La scoperta del bosone di Higgs permetterebbe inoltre di farsi un'idea del motivo per cui alcune particelle hanno una certa massa e non un'altra. Il problema fondamentale nella ricerca del Bosone di Higgs è la mancanza totale di informazioni a riguardo: non conoscendo la massa del bosone stesso è terribilmente complesso riconoscerlo tra i miliardi di particelle prodotte nelle collisioni! I fisici addetti agli esperimenti che cercano il Bosone di Higgs devono analizzare sistematicamente ogni singola particella in un *range* di massa nel quale si pensa il bosone possa esistere. Se non si dovesse trovare il Bosone di Higgs, si avrebbe spazio per nuove teorie che spieghino l'esistenza di particelle dotate di massa. Un altro obiettivo fondamentale, seguito soprattutto dall'esperimento ALICE, è quello di dare un modello valido per i primissimi istanti dell'universo: nonostante questo sia cambiato radicalmente negli ultimi 13,7 miliardi di anni, i mattoni che formano ogni cosa si sono formati nei primi millisecondi dopo il Big Bang. In quegli istanti i quark si sono riuniti in protoni, neutroni e poi nuclei. E lì sono rimasti, uniti per sempre dai gluoni, le particelle portatrici della forza nucleare forte, senza possibilità di scissione (tranne ovviamente in reazioni di fissione, come quelle che avvengono nelle centrali elettriche nucleari). E se si ripetesse la stessa operazione al contrario? In teoria, riportando la temperatura della materia a circa 2000 miliardi di gradi, questa riuscirebbe a scindersi e a liberare quark e gluoni dai nuclei: si otterrebbe il cosiddetto *plasma quark-gluoni*! Il brodo primordiale, composto quindi da questo plasma, dovrebbe essere studiato all'interno dell'esperimento ALICE, anche grazie ai risultati di alcuni esperimenti del 2000 che avrebbero confermato l'esistenza del plasma nei primi istanti dell'universo.

Un altro problema fondamentale che sta cercando risposta al CERN è quello dell'antimateria mancante. Visti gli studi sull'antimateria nei primi anni del Novecento, ci si aspetterebbe che ad ogni particella corrisponda la sua relativa antiparticella. E allora com'è possibile che noi esistiamo ancora, formati da materia? Qual è il motivo per cui nell'universo c'è più materia che antimateria? Oppure, dov'è andata a finire l'antimateria mancante? Studiando le sovrastrutture delle particelle e delle antiparticelle è probabile che si possa ottenere una risposta: è necessario, di conseguenza, scoprire la *vera particella elementare*. Ma l'antimateria non è l'unica cosa a mancare all'appello nell'universo. Si stima, infatti, che se l'espansione dell'universo è realmente come quella calcolata oggi, ci dovrebbe essere molta più materia di quanta ne vediamo: le galassie e le stelle che vediamo sarebbero soltanto il 4% di tutta la materia-energia che dovrebbe esserci nell'universo! Si pensa che nella maggior parte dell'universo siano presenti delle sostanze che non emettono alcuna forma di energia, quindi sono «invisibili» ai nostri sensori: l'unico effetto riscontrabile è quello gravitazionale. Queste sostanze, chiamate *materia oscura* ed *energia oscura*, dovrebbero portarci a scoprire l'essenza ultima del nostro universo. Si calcola che la *materia oscura* formi circa il 26% dell'universo e si pensa che possa essere formata da particelle supersimmetriche (vedi la teoria SUSY a pag. 44). Se così fosse, gli esperimenti di LHC saranno in grado di trovarle. L'*energia oscura*, invece, formerebbe il 70% dell'universo e sembrerebbe essere associata al vuoto interplanetario. Dovrebbe essere distribuita in modo uniforme in tutto l'universo, così da provocare un effetto antigravitazionale globale, non limitato ad alcune aree come galassie, sistemi solari, ecc. Confermare l'esistenza dell'*energia oscura* potrebbe essere un punto a favore del modello inflazionario caotico!

Tornando ai traguardi di LHC, si cercano conferme anche riguardo alla GUT (Teoria della Grande Unificazione) e alla teoria delle supercorde. Dopo la scoperta della simmetria tra forza elettromagnetica e forza nucleare debole, si è pensato che in realtà tutte le interazioni fondamentali potessero essere in realtà, ad energie elevatissime, un'unica *superforza*. Gli esperimenti di LHC hanno già dimostrato che la forza nucleare forte diventa via via più debole con l'aumentare dell'energia: questo può essere un indizio che, ad energie incredibilmente alte, la forza elettrodebole e la nucleare forte coincidano. Immediatamente dopo il Big Bang, un'energia come questa può essere stata raggiunta, provocando la simmetria tra tutte le forze! È per questo che conoscere questa *superforza* potrebbe essere determinante per lo studio dei primissimi istanti dopo il Big Bang. La scoperta delle particelle supersimmetriche della teoria SUSY sarebbe un ottimo indicatore della validità della teoria della grande unificazione! Riguardo alla teoria delle *supercorde*, invece, al CERN si punta alla ricerca delle dimensioni spazio-temporali mancanti. Se le teorie di uno spazio-tempo a dieci o venti dimensioni fossero esatte, ad alte energie potremmo essere in grado di rilevare particelle che si muovono su altre dimensioni! Questo ovviamente non sarebbe direttamente visibile, ma sarebbe riscontrato con la sparizione di una particella in un punto e la sua ricomparsa improvvisa in un altro punto.

Visti gli obiettivi principali degli studi al CERN, è lecito domandarsi se una ricerca tanto costosa sia davvero necessaria e, soprattutto, utile. Studiare le sovrastrutture della materia, le particelle che compongono il mondo e i primi istanti dell'universo serve a *capire* il mondo in cui viviamo. Vista a livello superficiale, questa non è che una ricerca «inutile», finalizzata alla pura conoscenza. In realtà è molto di più e non è affatto inutile: se uno studio non è utile nell'immediato, non è detto che sia automaticamente inutile. La scoperta dell'elettrone, ad esempio, è stata «inutile» nell'immediato, non ha portato alcun beneficio all'umanità. Ma qualche anno dopo, grazie a quella scoperta, è nata la televisione, l'elettronica, i computer, gli apparecchi portatili. La scoperta delle onde elettromagnetiche ha permesso l'invenzione dei telefoni cellulari, delle telecomunicazioni, dei radar! E ancora, la navigazione via GPS – Global Positioning System, il sistema con il quale funzionano i comuni navigatori – non funzionerebbe senza tener conto delle equazioni della Relatività Generale! La ricerca e, in questo caso, la fisica teorica sono le basi dell'innovazione. Proseguire nella *ricerca fondamentale* serve anche soltanto per l'innovazione necessaria alla ricerca stessa: la costruzione di LHC è un incredibile traguardo volto alla ricerca, ma servirà anche, negli anni, a portare le nuove tecnologie utilizzate per la sua realizzazione nelle case di tutti! Un po' come la Formula 1 per le auto: l'utilità di una competizione come quella non è solo gareggiare e attirare pubblico, ma creare nuove tecnologie da applicare, poi, alle auto comuni.

Tornando agli studi di fisica teorica, la *ricerca fondamentale* non sa dove andrà a parare: conosce soltanto il campo nel quale si studia, ma non si può sapere fin dove ci si spingerà. Certo è che la ricerca fondamentale è, per assurdo, *necessaria*, senza la quale non ci sarebbe *progresso* e non si avanzerebbe nella conoscenza del mondo e nell'invenzione di nuove tecniche e nuove tecnologie che migliorino la vita di ognuno di noi.

I prossimi anni saranno cruciali per la ricerca fondamentale e per lo studio delle origini dell'universo. Tra il 2013 e il 2015 LHC opererà alla sua massima energia, 14 TeV, e ci si aspetta di trovare risposte e conferme sui modelli che oggi descrivono la realtà. Non è lecito sapere se mai arriveremo a conoscere l'universo in ogni sua struttura, ma vale la pena di migliorare e perfezionare le nostre conoscenze per portare avanti quel *progresso* che ha permesso l'evoluzione dell'intera specie umana e delle sue tecniche dalle civiltà antiche, al Medioevo, all'età moderna fino ad oggi. Quel progresso che, per quanto apparentemente inutile, ha consentito all'uomo di migliorare le proprie condizioni di vita e di sviluppare strumenti impensabili poche decine di anni fa! *Ogni* cosa con cui lavoriamo nella vita quotidiana è tale grazie allo studio della realtà e della sua struttura: la macchina fotografica, il forno a microonde, il telefono, la radio, …

È grazie alla ricerca fondamentale che oggi possiamo vivere così. Perché, quindi, non continuare a ricercare una risposta alla domanda: «Cos'è avvenuto durante il primo secondo di vita dell'universo?» – parola ai ricercatori.

# RINGRAZIAMENTI

Al termine di un affascinante percorso di studi come quello appena trascorso al Collegio Castelli di Saronno, ritengo doveroso ringraziare tutti coloro che mi hanno aiutato a crescere e a diventare la persona che *sono* oggi. Sono certo che le conoscenze che ho acquisito negli ultimi cinque anni saranno fondamentali per la buona riuscita del mio percorso universitario e, più in generale, della mia vita. È difficile, al primo anno di liceo, immaginarsi una scuola interessante, utile e bella: studiare è sempre un peso e raramente una passione, lo stress per i voti è un «leit motiv» che accompagna tutta la vita scolastica. È un peccato che soltanto negli ultimi mesi, alla fine del mio percorso, io sia riuscito ad apprezzare la scuola, frequentandola con gusto. Mi ritengo comunque fortunato per aver riconosciuto il bello dell'imparare prima della fine dei miei studi liceali: è davvero triste notare come gran parte dei ragazzi di oggi odiano imparare, ignari del fatto che la scuola è lo strumento per costruirsi un futuro di successo. Detto questo, i primi che vorrei ringraziare sono tutti gli insegnanti che mi hanno accompagnato negli ultimi cinque anni: il Prof. Felice Guzzetti, insegnante di fisica, che è riuscito a trasmettermi una passione per la sua materia tale da portarmi a scrivere questi appunti; la Prof.ssa Marina Conti, insegnante di matematica, che mi ha invogliato a divertirmi con i numeri e gli studi di funzione; la Prof.ssa Emerenziana Chiarello, docente di storia e filosofia, sempre illuminante durante le sue lezioni di vita; la Prof.ssa Maria Laura Mazzini, insegnante di italiano, con la quale ho conosciuto poeti ed artisti ineguagliabili; il Prof. Alfredo Faverzani, docente di latino, con cui abbiamo trascorso tante lezioni che mai dimenticheremo; la Prof.ssa Marilena De Micheli, che per prima mi ha incuriosito sul mondo dell'infinitamente piccolo; le Prof.sse Luigia Tommasini e Veronica Gatti, docenti di inglese, che mi hanno insegnato lo strumento fondamentale per un futuro internazionale; i Prof. Tullio Galli e Vito Cristallo, docenti di arte ed educazione fisica, con i quali abbiamo condiviso il piacere di andare a scuola; la Prof.ssa Valentina Colombo, insegnante di spagnolo, quasi studentessa come noi, con cui abbiamo riso e ci siamo sfogati. Vorrei anche ringraziare Don Fabio Viscardi, rettore del Collegio, che spesso ci ha stimolati con nuove sfide e proposte di gite a destra e a manca, e il Prof. Andrea Brambilla, che nell'ultimo anno mi ha aiutato in scelte di vita davvero importanti! Grazie anche a chi mi ha seguito nella realizzazione di queste pagine: i miei compagni di classe, i miei genitori e le mie più care amiche, Corinne Pulvirenti, Francesca Iacono e Roberta Clarke.

Un grazie, infine, a *tutti* coloro che in qualche modo mi hanno permesso di crescere e di migliorare.

Grazie.

Niccolò Zapponi

# INDICE DEI CONTENUTI

# BIBLIOGRAFIA

"Dal Big Bang ai Buchi Neri: Breve Storia del Tempo" – S. Hawking

"La Teoria del Tutto" – S. Hawking

"Fisica: Percorsi e Metodo" – J. D. Wilson

Documentazione Centro Europeo di Ricerca Nucleare reperibile su internet all'indirizzo http://www.cern.ch/

Rivista dell'Istituto Nazionale di Fisica Nucleare – Anno IV, Numero 9.